吴凯龙　张福金

————主编

乌兰察布

马铃薯品质评价

研究报告

U0209512

中国农业出版社
北京

摘要

　　根据国家地理标志保护工程——乌兰察布马铃薯项目执行需要，乌兰察布市农畜产品质量安全监督管理中心对域内察哈尔右翼前旗、察哈尔右翼中旗、四子王旗、卓资县、化德县等7个马铃薯优势生产区域种植的12个品种进行营养品质分析，并委托农业农村部农产品质量安全风险评估实验室（呼和浩特）展开品质评价和质量安全分析研究，为最大程度发挥马铃薯的增产潜力，促进马铃薯提质增效，推动马铃薯生产标准化建设体系建设提供理论依据和数据支撑。

　　马铃薯是乌兰察布市的主要农作物之一，种植历史悠久，其生长发育规律与当地的自然气候特点相吻合，乌兰察布市种植马铃薯具有明显的资源优势，蕴藏着巨大的发展潜力。经过几十年的培育发展，乌兰察布市已经成为国家重要的种薯、商品薯和加工专用薯生产基地，被中国食品工业协会命名为"中国马铃薯之都"，入选首届中国农民丰收节"农产品百强榜"，列入"中国特色农产品优势区""中国马铃薯之都"的地位不断得到巩固。

　　乌兰察布市地处国际公认的马铃薯黄金产业带，所生产的马铃薯富含丰富的营养成分。其品质口感一直以来深受广大消费者称赞，从长远看必将提升消费者对马铃薯营养价值的认知水平，但乌兰察布市目前尚未系统全面地对本地多个马铃薯品种的营养物质含量进行测定分析。因此，本书的研究利用科学试验手段对马铃薯营养物质含量进行全面测定，为消费者日常合理安排营养膳食提供有效的数据参考，为乌兰察布市马铃薯产业绿色高效发展提供技术支撑。

本书第一章由吴凯龙编写；第二章由吴海波编写；第三章由王锦华编写；第四、五章由张欣昕、张福金编写；第六章由张福金、史培编写。全书各章节设计由张福金提出，并与吴凯龙共同完成最终统稿工作。本书得到了2019年国家地理标志农产品保护地工程项目、2020年内蒙古自治区财政厅推广示范项目"内蒙古中西部地区马铃薯新品种及综合配套技术推广与示范研究"（2020TG02）的支持与资助。

限于编者的水平，书中难免出现不足之处，敬请读者和同行专家批评指正。

编　者

2021年6月于内蒙古

目录

第一章

项目研究背景及目的

　　马铃薯是我国继水稻、小麦和玉米之后的第四大粮食作物，在我国的西部和北部高原地区广泛种植，据农业农村部种植业管理司统计数据显示，内蒙古自治区马铃薯常年种植面积占全国的9.7%，年总产量占全国的8.4%，内蒙古自治区已成为我国马铃薯五大主产省份之一。2020年，为深入贯彻习近平总书记关于内蒙古的重要讲话重要指示批示精神，进一步加快内蒙古自治区马铃薯产业高质量发展，自治区发布了《内蒙古自治区人民政府办公厅关于促进马铃薯产业高质量发展的实施意见》（简称《意见》），该《意见》指出：要以恢复马铃薯种植到800万亩*以上、提高初加工和精深加工转化率、选育优质新品种、打造知名商品薯品牌、建设国家级优势特色产业集群、提升全产业链产值等方面为工作

---

* 亩为非法定计量单位，1亩 ≈ 0.067公顷。——编者注

目标，加快自治区马铃薯产业高质量发展。

近年来，内蒙古自治区已基本形成区域相对集中、各具特色的阴山沿线和大兴安岭沿线马铃薯产业带。其中，乌兰察布市马铃薯种植占内蒙古自治区全域种植面积的50%，产量占全国总产量的6%，乌兰察布市已经成为国际重要的种薯、商品薯和加工专用薯生产基地。"乌兰察布马铃薯"作为地理标志产品也成为全区连续5年入选中国品牌价值评价信息榜的产品；2019年，察哈尔右翼后旗红马铃薯还入选了我国名特优新产品名录，"乌兰察布马铃薯"区域公用品牌逐渐成为乌兰察布品牌强农、乡村振兴、文化旅游、区域经济发展的重要抓手，在乌兰察布市经济社会发展中具有重要的战略地位。

本书针对乌兰察布市马铃薯栽培品种繁多，能说明地域品质特征的量化指标不明、横向对比数据缺乏等问题，开展本地主要品种的质量安全和品质评价研究，为进一步挖掘本地马铃薯品质优势、促进马铃薯提质增效、带动产业增收、提升"乌兰察布马铃薯"品牌价值提供理论依据和数据支撑。

第二章
项目研究内容和目标

一、研究内容

以乌兰察布市主要马铃薯优势生产区域种植的冀张薯12、华颂7号、希森6号、后旗红、麦肯、青薯9号等12个品种为研究对象，测定淀粉、干物质等6项常量品质，矿物元素、氨基酸等32项微量品质与若干饱和脂肪酸、风味物质以及93种农药残留等品质参数和安全参数，通过科学合理的数学统计方法分析评价指标，明确乌兰察布市马铃薯质量安全状况，探索地域品质特征，提出乌兰察布市马铃薯的品质优势。

二、目标

目标参检绩效目标表（表2-1）。

表2-1 绩效目标表

总体目标	综合评价乌兰察布市主栽马铃薯营养品质及质量安全状况			
	一级指标	二级指标	三级指标	指标值
绩效指标	产出指标	数量指标	指标1：调研表	15份
			指标2：样品验证	马铃薯80个批次
			指标3：验证参数	品质指标129个和安全指标93个
	产出指标	质量指标	评价报告	马铃薯评价报告1份
		时效指标	指标1：样品采集	按时采集完成
			指标2：项目执行进度	按时分析完成
		成本指标	按预定成本完成	无结余
	效益指标	社会效益指标	为优质评判提供数据支撑	评估报告结论
		可持续影响指标	为适宜栽种品种选择	评价报告结论
	满意度指标	服务对象满意度指标	项目执行结果得到认可	满意

第三章

项目完成情况

一、数量指标

获得调研表：15份，获得调研信息80条。

取样地点和数量：乌兰察布市察哈尔右翼前旗、察哈尔右翼中旗、察哈尔右翼后旗、四子王旗、卓资县、化德县、凉城县7个旗（县）主要产区，共计80批次。

取样品种：冀张薯12、后旗红、青薯9号、华颂7号、希森6号、正丰6号、中加2号、川引2号、费乌瑞它、麦肯、布尔班克、夏坡蒂，共计12个品种。

指标参数：①常量品质：干物质、淀粉、还原糖、蛋白质、支链淀粉、膳食纤维等6项指标；②微量品质：矿质元素（K、Ca、Mg、Na、Fe、P、Cu、Zn、Mn、Se）、氨基酸（17种）、维生素C、胡萝卜素、维生素B族（B_1、B_6、B_9）等32项；③研究性指标：饱和脂肪酸、不饱和脂肪酸、酚类、芳香物、挥发物等。④安全指标：农药残留93项。

二、质量指标

项目按时完成《乌兰察布马铃薯品质评价研究报告》1份。

第四章

研究结果分析

一、调研和取样情况

项目组调研了乌兰察布市马铃薯主要生产基地，包括察哈尔右翼前旗、四子王旗、察哈尔右翼中旗、察哈尔右翼后旗、凉城县、卓资县、化德县7个旗（县）主产地，获得调研信息80条，获得调研表15份。共采集马铃薯80批次，调研和取样地基本覆盖乌兰察布市马铃薯优势区域布局规划的县域。

二、调研结果分析

马铃薯是乌兰察布市的五大粮食作物之一，在全市各地广泛种植，营养丰富，粮、菜、饲兼用，加工用途多，产业链条长，增产增收潜力较大。乌兰察布市既是内蒙古自治区马铃薯主产大市，也是自治区马铃薯优势区域布局规划的优势产区。

1.种植面积和产量

2020年，乌兰察布市马铃薯种植面积达到305万亩，其中水浇地种植面积85万亩，旱地种植面积220万亩。种植面积较大的旗（县）主要有四子王旗、察哈尔右翼中旗、商都县、兴和县、察哈尔右翼后旗，种植面积分别都在30万亩以上。2020年，乌兰察布市鲜薯产量可达到350万吨，平均单产1.15吨/亩，其中水浇地总产212.5万吨，平均单产2 500千克/亩，最高亩产超过5 000千克；旱地总产量137.5万吨，平均单产625千克/亩。

2.品种情况

近年来，乌兰察布市大面积推广应用的品种有20多个，2020年度调研发现：与2019年以前比较，紫花白品种基本退出市场，2020年度未有该品种，费乌瑞它和克星1号两个品种占比迅速下降，分别下降23.98和17.90个百分点，而希森6号、华颂7号和青薯9号占比增加超过5个百分点，说明近年来马铃薯新品种的推广和应用逐见成效，品种更替速度加快。不同品种在地区上也呈现出同地区同品种集中度高的情况，冀张薯12成为主栽品种（图4-1）。

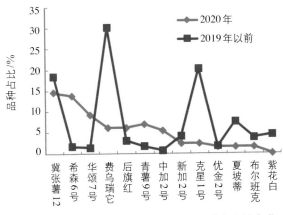

图4-1　不同年度采集样本中不同品种占比的变化

3.栽培技术情况

乌兰察布市各地探索出许多适合当地自然、气候、土壤和经济条件的耕作模式和栽培技术，如机械化高产配套栽培技术，以及地膜覆盖、高垄种植结合优质种薯、种薯处理、平衡施肥、病虫害综合防治、膜下滴灌等旱作高产栽培技术面积逐年扩大。2019—2020年，乌兰察布市马铃薯主要推广普及滴灌种植为核心的节水栽培技术模式，市、县两级政府给予相应政策补贴，滴灌种植面积占总种植面积的50%以上。

栽培模式在不同地区的应用推广程度不同。其中，卓资县、察哈尔右翼前旗、凉城县的栽培模式相对集中，均只有一种模式，分别为不覆膜滴灌、覆膜滴灌和旱作模式；而四子王旗和察哈尔右翼中旗的马铃薯栽培呈现出3种栽培模式并存的情况，说明不同地区生产技术条件具有差异性（图4-2、图4-3）。

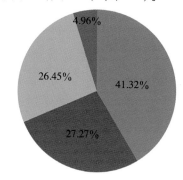

图4-2　不同栽培模式的占比情况

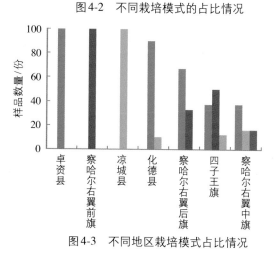

图4-3　不同地区栽培模式占比情况

4.加工和贮藏情况

乌兰察布市马铃薯加工业迅速发展，贮藏运销能力和生产、加工、销售的组织化水平不断提高。内蒙古自治区现有年销售收入500万元以上，加工企业35家，以凯达、蓝威斯顿、蒙薯、健坤等龙头企业为骨干，鲜薯年加工能力达120万吨，加工转化率超过20%。

为保障市场供应，乌兰察布市建成了一批大、中、小型马铃薯贮藏库，年贮藏能力近200万吨，其中大、中型储窖贮藏规模占60%以上。

三、加工品质

1.整体状况

我国通过行业标准对马铃薯的质量特别是鲜食加工质量指标提出了要求，包括标准SB/T 10968—2013《加工用马铃薯流通规范》和标准NY/T 1490—2007《农作物品种审定规范　马铃薯》，如表4-1所示。

表4-1　我国现行马铃薯相关标准的品质指标要求

品质指标	SB/T 10968—2013 加工用马铃薯流通规范				NY/T 1490—2007 农作物品种审定规范 马铃薯		
	薯条加工用薯	薯片加工用薯	全粉加工用薯	淀粉加工用薯	鲜薯食用型品种	油炸加工型品种	淀粉加工型品种
干物质/%	18	18（三级） 19（二级） 20（一级）	19（三级） 20（二级） 21（一级）		≥19.5		

（续）

品质指标	SB/T 10968—2013 加工用马铃薯流通规范				NY/T 1490—2007 农作物品种审定规范 马铃薯		
	薯条加工用薯	薯片加工用薯	全粉加工用薯	淀粉加工用薯	鲜薯食用型品种	油炸加工型品种	淀粉加工型品种
淀粉/%				16（三级）			> 17
				18（二级）			
				20（一级）			
还原糖/%		0.25（三级）	0.25（三级）			≤ 0.30	
		0.20（二级）	0.20（二级）				
		0.10（一级）	0.16（一级）				
蛋白质/%					1.5		

因此，马铃薯加工品质主要是指干物质、淀粉、还原糖和蛋白质含量。本项目统计了这4种品质特征，总体结果如表4-2所示：干物质、淀粉、还原糖和蛋白质含量分别为20.00%±0.30%、14.50%±0.20%、0.29%±0.013%和2.00%±0.034%，干物质含量大于或等于19.00%的样品占比58.8%，淀粉含量大于或等于16.00%的样品占比20.0%，还原糖含量小于或等于0.25%的样本占比43.8%，有96.2%的样品蛋白质含量大于1.5%。参照SB/T 10968—2013和NY/T 1490—2007，干物质含量基本满足加工要求，但淀粉含量偏

低，与加工标准差距较大。

表4-2　加工品质含量情况

单位：%

参数	平均值	含量范围	相对标准偏差	含量分布	占比
干物质	20.00±0.300	15.50～31.90	13.5	≥19.00	58.8
淀粉	14.50±0.200	11.20～17.70	9.9	≥16.00	20.0
还原糖	0.29±0.013	0.10～0.58	39.2	≤0.25	43.8
蛋白质	2.00±0.034	1.10～2.80	15.9	≥1.50	96.2

2020年度乌兰察布市加工用马铃薯优质率（干物质>18%，淀粉>16%，还原糖<0.3%）为13.7%，比内蒙古自治区平均水平高6.6个百分点，但比全国平均水平低10.7个百分点。加工品质与内蒙古自治区和全国优势马铃薯种植区域的比较结果如图4-4所示，2020年乌兰察布市马铃薯中干物质、淀粉和蛋白质比内蒙古自治区平均水平分别高1.1、0.3和0.1个百分点，与全国平均水平相当；还原糖含量比内蒙古自治区平均水平低0.06个百分点，比全国平均水平低0.03个百分点。与全国优势马铃薯种植区域相比，加工品质显著低于甘肃地区。

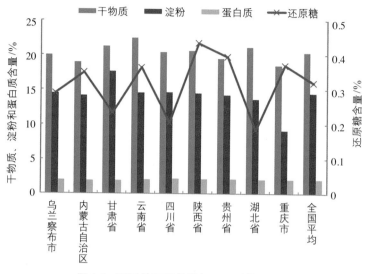

图4-4　不同地区马铃薯加工品质状况比较

2.不同品种加工品质特征分析

项目统计了样品数量超过5份的冀张薯12、希森6号、华颂7号、费乌瑞它、后旗红、青薯9号、中加2号、夏坡蒂、麦肯和川引2号10个品种的干物质、淀粉、还原糖和蛋白质含量，含量平均值和方差分析结果如表4-3所示，方差分析显示不同品种间干物质、淀粉、还原糖和蛋白质含量存在显著性差异（$P<0.05$），在干物质含量上，后旗红、麦肯、华颂7号和青薯9号含量大于20%，其中后旗红最高，且显著高于夏坡蒂、希森6号、冀张薯12、川引2号、费乌瑞它、中加2号品种，

与麦肯、青薯9号、华颂7号等品种差异不显著。淀粉含量大于16%的品种有后旗红和青薯9号，且显著高于希森6号、费乌瑞它、夏坡蒂、冀张薯12、中加2号等品种，含量最低的是中加2号。还原糖含量最低的是麦肯。蛋白质含量大于2%的有麦肯、华颂7号、后旗红。

表4-3 不同品种加工品质含量情况

单位：%

	干物质	淀粉	还原糖	蛋白质
冀张薯12	18.42 ± 0.39^{bcd}	13.41 ± 0.36^{def}	0.38 ± 0.03^{abcd}	1.79 ± 0.10^{bcd}
希森6号	18.83 ± 0.49^{bcd}	14.10 ± 0.32^{bcdef}	0.31 ± 0.02^{bcde}	1.71 ± 0.05^{cd}
华颂7号	20.26 ± 0.57^{abc}	15.23 ± 0.38^{abcd}	0.23 ± 0.02^{de}	2.07 ± 0.07^{abc}
费乌瑞它	17.05 ± 0.62^{de}	14.06 ± 0.036^{bcdef}	0.36 ± 0.04^{abcd}	1.84 ± 0.06^{bcd}
后旗红	22.99 ± 1.20^{a}	16.20 ± 0.35^{a}	0.29 ± 0.03^{cde}	2.02 ± 0.07^{abc}
青薯9号	20.14 ± 0.49^{abc}	16.14 ± 0.45^{a}	0.40 ± 0.03^{abc}	1.99 ± 0.07^{abc}
中加2号	17.61 ± 0.6^{cde}	12.26 ± 0.25^{f}	0.42 ± 0.03^{abc}	1.89 ± 0.07^{bcd}
夏坡蒂	19.05 ± 0.55^{bcd}	14.36 ± 0.45^{bcde}	0.36 ± 0.08^{abcd}	1.96 ± 0.13^{abc}
麦肯	21.28 ± 0.49^{ab}	14.56 ± 0.48^{abcde}	0.19 ± 0.01^{e}	2.35 ± 0.09^{a}
川引2号	19.20 ± 0.89^{bcd}	16.08 ± 0.89^{ab}	0.35 ± 0.03^{bcd}	1.87 ± 0.20^{bcd}

注：a、b、c、d、e、f表示在0.05水平上的差异显著性。

对10个品种干物质、淀粉、还原糖和蛋白质品质数据进行聚类分析，采用Ward聚类方法计算欧氏距离的系统聚类结果如图4-5所示：以10为分类切割点，10个马铃薯品种被划分为3类，3类间距离较远，类中点距离较近，分类效果较好。

第一类为冀张薯12、费乌瑞它、希森6号和中加2号，属于干物质和淀粉含量相对较低、不具有加工品质特点的品种。

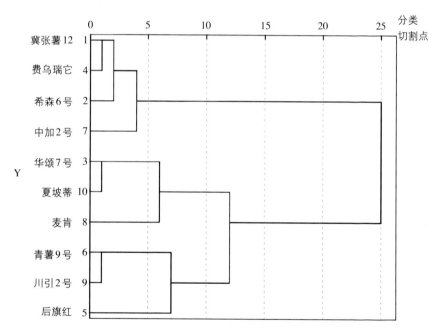

图4-5　不同品种加工品质聚类分析

第二类为华颂7号、夏坡蒂和麦肯，这3个品种特点是还原糖含量相对较低。满足薯片加工三级标准要求（干物质>18%，还原糖<0.25%）。

第三类为青薯9号、川引2号和后旗红，这3个品种干物质和淀粉含量较高，符合淀粉加工用薯三级标准（淀粉>16%）要求。

四、矿物质元素分析

1.整体状况

项目分析了马铃薯中磷（P）、钾（K）、镁（Mg）、钙（Ca）、钠（Na）、铁（Fe）、锌（Zn）、锰（Mn）、铜（Cu）、锡（Sn）、镍（Ni）、钼（Mo）、钴（Co）、硒（Se）、矾（V）15种矿物质元素，最小值、最大值、平均值和变异系数含量范围如表4-4所示：从大量元素看，K含量最高，平均值达17 655.8毫克/千克，其次是P＞Mg＞Ca＞Na，其含量均超过100毫克/千克；其余9种微量元素中，Fe含量显著高于其他微量元素，其次是Zn、Mn、Cu和Sn，含量超过1毫克/千克，Ni和Mo的含量在0.1～1毫克/千克，Co、Se和V含量平均值含量低于0.1毫克/千克。15种矿物质元素含量的变异系数在20.8%～96.1%，说明马铃薯中矿物质元素含量变异较为丰富，含量具有明显差异性。

表4-4 矿物质元素含量情况

单位：毫克/千克

参数	最小值	最大值	平均值	标准差
K	4 027.9	26 061.4	17 655.8	26.9
P	1 132.2	3 693.4	2 621.2	20.8
Mg	316.7	1 809.9	1 015.1	22.0
Ca	139.6	1 059.4	390.7	37.4
Na	33.3	926.6	221.7	68.2
Fe	11.5	47.7	29.8	27.0
Zn	2.42	40.26	7.12	61.3
Mn	0.052	4.25	6.09	83.5
Cu	1.31	6.47	3.65	33.2
Sn	0.11	7.52	2.56	60.0
Ni	0.050	7.83	0.61	62.4
Mo	0.000	0.57	0.23	57.1
Co	0.003	0.31	0.075	86.8
Se	0.000	0.30	0.054	96.1
V	0.000	0.12	0.022	92.6

采用美国农业部（USDA）推荐的马铃薯矿物质元素含量作为标准参考值，如表4-5所示，乌兰察布市马铃薯矿物质元素含量比较，结果发现K、P、Mg、Ca、Na和Zn含量均高于标准参考值，说明本地马铃薯矿物质元素含量丰富。

表4-5 美国农业部（USDA）参考值

单位：毫克/千克

元素	K	P	Mg	Ca	Na	Fe	Zn
含量	4 210	570	230	120	100	32.4	2.9

注：数据源于王颖，中国食物与营养学报，2014。

项目也比较了我国不同地区马铃薯矿物质元素含量，表4-6所示，乌兰察布市马铃薯在K、Mg、Na和P等大量矿物质元素上，含量优势较为明显。

表4-6 不同种植区域马铃薯矿物质元素含量

地区	Ca/（毫克/千克）	Fe/（毫克/千克）	K/（克/千克）	Mg/（毫克/千克）	Na/（毫克/千克）	Zn/（毫克/千克）	P/（克/千克）
乌兰察布市	390.7	29.8	17.66	1 015.1	221.7	7.12	2.62
内蒙古	381.51	49.41	17.31	954.54	167.24	7.67	2.68
四川	420	105	14.1	686.4	86	11	1.7
广东	579.6	73	16.1	783.8	123	9.1	2.2
新疆	468.6	86.4	16.0	901.5	141.9	7.1	0.9
黑龙江	636.5	58.9	17.2	961.4	424.5	6.3	1.6
云南	—	—	3.8～14	200～350	—	1.5～6.5	0.3～1

注："—"表示数据未报道。

2.不同品种矿物质元素特征分析

马铃薯中K是含量最高的元素，分析不同品种中K

含量如图4-6所示：K含量最高的是华颂7号，其次是中
加2号，且显著高于费乌瑞它。

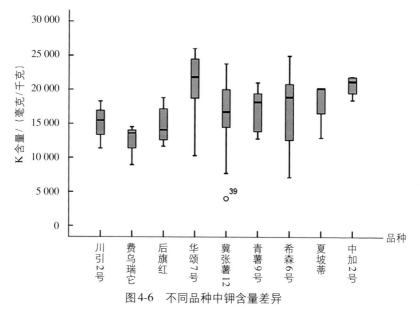

图4-6　不同品种中钾含量差异

P、Mg、Ca和Na等大量矿物质元素含量如图4-7所
示：P、Mg、Ca和Na含量在不同品种间呈现显著性差
异（$P < 0.05$），华颂7号中P、Mg、Ca和Na含量均高于
其他品种，而川引2号则表现为P、Mg、Ca和Na含量
最低。

微量元素中，重点比较了不同品种中Se元素含量如图
4-8所示，方差分析显示品种间Se含量差异显著（$P < 0.05$），
Se含量最高的是华颂7号，且显著高于费乌瑞它。

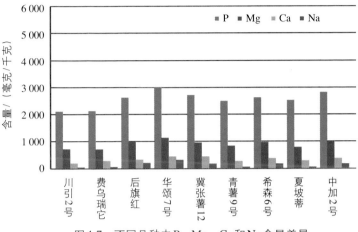

图4-7 不同品种中P、Mg、Ca和Na含量差异

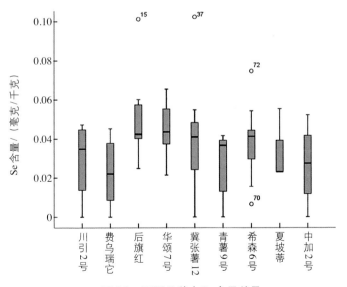

图4-8 不同品种中Se含量差异

五、氨基酸含量分析

1.总体状况

对马铃薯样品中18种氨基酸含量进行测定，由于色氨酸在水解过程中被破坏，因此未被检出，其余17种氨基酸均被检出，其中必需氨基酸（EAA）检出9种，非必需氨基酸（NAA）检出8种。统计分析结果显示，马铃薯中每克蛋白质中17种氨基酸的总量（TAA）分布范围为356.77～587.86毫克，平均值为454.20毫克/克，总量的变异系数为14.09%。马铃薯中含量最高的是天冬氨酸，含量为121.88毫克/克，含量最低的是组氨酸，含量为16.41毫克/克，不同样品中，甲硫氨酸（蛋氨酸）变异系数较大。

必需氨基酸是人体不能合成或合成速度远不适应机体的需要，必需由食物蛋白供给的氨基酸，马铃薯中EAA总量和NAA总量如表4-7所示：样品中均含有异亮氨酸、亮氨酸、缬氨酸、苏氨酸、苯丙氨酸、甲硫氨酸、赖氨酸、酪氨酸、胱氨酸等9种必需氨基酸，每克蛋白质中EAA总量分布范围在144.08～269.19毫克，平均值为198.58毫克/克，总量的变异系数为18.78%，必需氨基酸的总量占氨基酸总量的43.69%，高于联

合国粮农组织/世界卫生组织FAO/WHO的标准蛋白
(40.0%)。每克蛋白质中NAA总量平均值为257.67 mg，
其中含量最高的是天冬氨酸，含量最低的是组氨酸。

表4-7　马铃薯中每克蛋白质中氨基酸的含量

单位：毫克/克

必需氨基酸		非必需氨基酸	
名称	含量	名称	含量
亮氨酸和异亮氨酸	80.54	谷氨酸	74.85
缬氨酸	15.68	甘氨酸	12.90
苏氨酸	10.05	丙氨酸	13.84
苯丙氨酸	9.36	脯氨酸	12.25
甲硫氨酸	14.75	精氨酸	29.90
酪氨酸	12.53	丝氨酸	27.83
半胱氨酸	31.39	天冬氨酸	76.15
赖氨酸	24.28	组氨酸	7.90
总量	196.79	总量	257.67

　　由于氨基酸在结构上侧链基团的差别，造成不同氨
基酸的口味感官不同，在食品中起着酸、甜、苦、涩等
味的作用，例如甘氨酸、丙氨酸和色氨酸，其甜度分别
是砂糖的0.8倍、1.2倍和35倍，因此氨基酸根据味觉口
感可分为甜味氨基酸（甘氨酸、丙氨酸、丝氨酸、苏氨
酸、脯氨酸、组氨酸）、鲜味氨基酸（赖氨酸、谷氨酸、

天冬氨酸）、苦味氨基酸（缬氨酸、亮氨酸、异亮氨酸、甲硫氨酸、酪氨酸、精氨酸）。项目统计了马铃薯中不同口感味觉氨基酸的含量，结果如表4-8所示，马铃薯每克蛋白质中甜味、鲜味和苦味氨基酸总量平均值分别为177.99毫克、272.02毫克和163.72毫克，其中以鲜味氨基酸含量较高，甜味和苦味氨基酸含量相近。从最大值来看，甜味、鲜味和苦味氨基酸相近，从变异系数来看，以甜味和苦味氨基酸变异系数较大。说明不同品种马铃薯的口感主要受鲜味氨基酸影响。

表4-8 马铃薯中每克蛋白质中味觉氨基酸的含量

	甜味氨基酸/（毫克/克）	鲜味氨基酸/（毫克/克）	苦味氨基酸/（毫克/克）
最大值	423.11	492.29	424.96
最小值	54.41	127.11	62.15
平均值	177.99	272.02	163.72
标准差	71.61	69.08	56.59
变异系数/%	241.96	67.00	192.01

2.不同品种氨基酸含量特征分析

对不同品种氨基酸含量进行统计，由图4-9可知，从氨基酸总量看，青薯9号和后旗红TAA含量较高，每克蛋白质中含量分别为547.86毫克/克和546.39毫克/克，其次是华颂7号和费乌瑞它，氨基酸含量最低的是冀张薯12。不同品种中EAA和NAA含量与不同品种中TAA含量变化趋势基本一致。

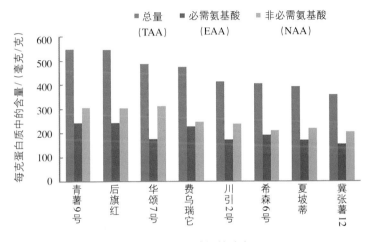

图4-9　不同品种氨基酸含量

根据氨基酸平衡理论，FAO和WHO提出了评价蛋白质营养的必需氨基酸模式。根据兰氏距离法计算食物中必需氨基酸含量与模式蛋白氨基酸的接近程度，来评价不同品种蛋白营养价值，用贴近度（U）表示，其值越接近1，说明蛋白的营养价值越高。根据文献统计了FAO/WHO模式蛋白、全鸡蛋蛋白必需氨基酸的含量，如表4-9所示。

参照兰氏距离法对不同品种氨基酸含量进行评价，贴近度计算公式如下，公式中 a_k 为标准蛋白中第 k 种必需氨基酸含量，标准蛋白分别以FAO/WHO模式蛋白的氨基酸含量和全鸡蛋蛋白氨基酸含量计算。u_{ik} 为第 i 个样本中第 k 种必需氨基酸的含量。

$$U= \left(a, u_i = 1 - 0.09 \times \sum_{k=1}^{7} \frac{|a_k - u_{ik}|}{a_k + u_{ik}}\right) \quad (4.1)$$

表4-9 模式蛋白和全鸡蛋蛋白中每克蛋白质中必需氨基酸含量

单位：毫克/克

氨基酸	模式蛋白	全鸡蛋蛋白
异亮氨酸	40.0	54.0
亮氨酸	70.0	86.0
颉氨酸	50.0	66.0
苏氨酸	40.0	47.0
苯丙氨酸+酪氨酸	60.0	93.0
甲硫氨酸+胱氨酸	35.0	57.0
赖氨酸	55.0	70.0

根据公式计算了不同品种相对于标准蛋白的贴近度，由表4-10可知：相对于FAO/WHO模式蛋白，不同品种贴近度范围为0.86～0.91，相对于全鸡蛋蛋白，不同品种贴近度范围为0.81～0.85，且品种间差异不显

著，说明在必需氨基酸组成上，不同品种的蛋白营养价值基本接近。

表4-10 不同品种相对于标准蛋白的贴近度

	相对于模式蛋白的贴近度	相对于全鸡蛋蛋白的贴进度
青薯9号	0.89[a]	0.84[a]
后旗红	0.91[a]	0.85[a]
华颂7号	0.86[a]	0.81[a]
费乌瑞它	0.86[a]	0.81[a]
华颂7号	0.89[a]	0.84[a]
川引2号	0.87[a]	0.82[a]
希森6号	0.89[a]	0.84[a]
夏坡蒂	0.91[a]	0.85[a]

注：a表示在0.05水平上的差异显著性。

六、挥发性风味物质组成分析

基于气相色谱—串联质谱自主开发了挥发性风味物质测定装置及技术：称取100克样品（精确到0.01克）置于提取瓶中，加入内标物2-甲基-3-庚酮的标准溶液200微升，再加入180毫升蒸馏水，在另一端的萃取瓶中加入30毫升二氯甲烷，将样品提取瓶和有机溶剂萃取瓶装入SDE设备（图4-10），提取瓶沸腾后，开始计时，1小时后停止加热，在萃取液流出口，接受溶剂分层后的下层全部液体，旋转蒸发仪控制温度35 ℃，在水浴中浓缩至近干，用正己烷定容1.0毫升，上机，待测。

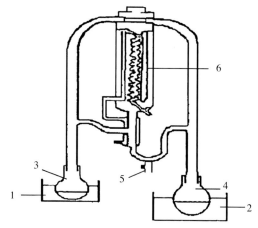

图4-10　SDE设备
1.水浴锅　2.控温电热套　3.有机溶剂萃取瓶
4.样品提取瓶　5.萃取液流出口　6.冷凝循环

　　基于上述方法，测定了马铃薯中挥发性风味物质，如表4-11所示：共检出22种主要化学物质，分别为醛类、醇类、酮类和杂环化合物类。其中，醛类化合物占比45.4%，杂环化合物类占比23.8%，醇类占比18.2%，酮类占比13.63%。因此，新鲜马铃薯在蒸煮过程中，起主要作用的挥发性风味物质是醛类化合物，含量占比相对较高的是庚醛（31.41%）、3-（甲基硫代）丙醛（23.46%）、5-甲基呋喃醛（19.67%），含量均超过15%，这些物质表现为呈味作用均为不同香味。在呈味气味中表现为不良气味的主要是反式-2,4-癸二烯醛，含量占比超过6%。

表4-11 马铃薯中挥发性风味化学物质

序号	保留时间/小时	化学物质名称	含量/%	化学分类	呈味作用
1	4.01	乙醛	0.15	醛类	香味
2	5.212	3-（甲基硫代）丙醛	23.46	醛类	香味
3	5.318	戊醛	3.13	醛类	不良气味
4	5.469	3-己醇	2.64	醇类	香味
5	6.474	3-糠醛	0.03	醛类	香味
6	7.163	糠醇	0.34	醇类	—
7	8.669	甲基环戊烯醇酮	0.56	酮类	
8	8.833	2-乙酰基呋喃	1.14	杂环化合物	香味
9	8.955	2-乙基吡嗪	1.22	杂环化合物	香味
10	10.523	5-甲基呋喃醛	19.67	醛类	香味
11	11.612	2-乙基-3-甲基吡嗪	7.99	杂环化合物	香味
12	12.898	2,3-二甲基-2-环戊烯酮	0.78	酮类	香味
13	13.079	苯乙醛	3.30	醛类	水果香味
14	13.536	1-辛烯-3-醇	1.87	醇类	—
15	14.188	2-乙基-3,6-二甲基吡嗪	6.90	杂环化合物	香味

（续）

序号	保留时间/小时	化学物质名称	含量/%	化学分类	呈味作用
16	14.432	庚醛	31.41	醛类	泥土香味
17	14.984	壬醛	6.35	醛类	花香味
18	17.641	5,6,7,8-四氢喹喔啉	3.76	杂环化合物	香味
19	18.056	九里香酮	1.24	酮类	—
20	20.48	正式-2,4-癸二烯醛	1.33	醛类	不良气味
21	21.097	反式-2,4-癸二烯醛	6.14	醛类	不良气味
22	25.275	1-[4-（2-羟基丙-2-基）苯基]乙醇	0.34	醇类	—

利用保留指数（KI）计算后旗红、冀张薯12和华颂7号中的庚醛、3-（甲基硫代）丙醛、5-甲基呋喃醛和反式-2,4-癸二烯醛这4种主要呈味物质，比较了品种差异，结果如图4-11所示：庚醛、3-（甲基硫代）丙醛、5-甲基呋喃醛和反式-2,4-癸二烯醛是主要的香味特征物质。不同品种中在呈味为香味的庚醛、3-（甲基硫代）丙醛和5-甲基呋喃醛物质上，5-甲基呋喃醛在品种中差异显著，后旗红和华颂7号显著高于冀张薯12，而反式-2,4-癸二烯醛表现为冀张薯12含量最高。

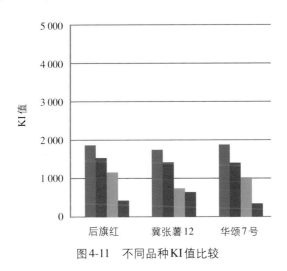

图4-11　不同品种KI值比较

七、抗氧化物质分析

1.维生素

测定马铃薯样品的维生素含量，结果表明，马铃薯所含维生素种类包括维生素C、B族维生素及维生素E，其中B族类包括维生素B_1、B_2、B_3、B_5和B_6，含量总体分布如图4-12所示。维生素总量平均值为每100克中含（19.62 ± 3.1）毫克，维生素总量最大值每100克中含43.3毫克，中位值为每100克中含20.12毫克，最小值为每100克中含8.2毫克，在总量分布上基本呈正态分布特点，含量在每100克中含16.6毫克以上的概率为61.6%，各类维生素含量以维生素C为主，维生素C含量平均值为每100克中含（20.30±2.1）毫克，占维生素总量93%以上，维生素B总量为每100克中含（0.9±0.2）毫克，其中维生素B_5含量最高，而脂溶性维生素为维生素E，含量为每100克中含0.154 ～ 2.7毫克。

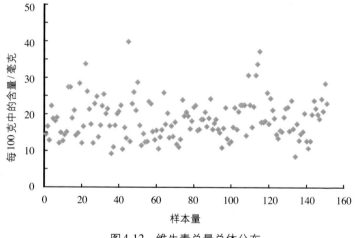

图4-12　维生素总量总体分布

统计了华颂7号等12个品种中维生素C含量，结果如图4-13所示：维生素含量最高的是华颂7号，其次是夏坡蒂和新佳2号，而含量最低的是陇薯7号。

2.其他抗氧化物质

马铃薯是仅次于橘子和苹果的抗氧化剂的重要来源，其中含有大量的抗氧化活性物质，包括多酚、维生

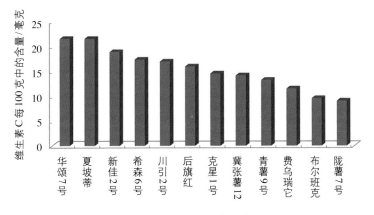

图4-13 不同品种中维生素C含量

素和类胡萝卜素等,其中与抗氧化活性相关的多酚类物质主要有绿原酸、咖啡酸、阿魏酸等。比较了夏坡蒂、费乌瑞它和大西洋品种中总酚、总黄酮和酚酸(绿原酸、槲皮素和原儿茶酸),发现不同品种的抗氧化性存在差异(表4-12)。

表4-12 不同品种每100克中抗氧化物质比较

单位:毫克

品种	总酚	总黄酮	绿原酸	槲皮素	原儿茶酸
夏坡蒂	233.93	39.41	139.99	3.12	16.23
费乌瑞它	244.44	107.39	152.83	58.53	7.93
大西洋	294.12	59.04	170.74	9.15	16.23

八、综合评价

为综合评价维生素C、氨基酸总量、必需氨基酸含量和矿物质元素不同品种的热图分析，结果如图4-14所示：不同品种优势营养物质含量不同，华颂7号富含维生素C，夏坡蒂富含维生素C、Zn和Se，后旗红富含氨基酸、Mg、Mn和Zn，青薯9号富含氨基酸，陇薯7号富含Na和Ca元素，其他品种则营养优势不明显。

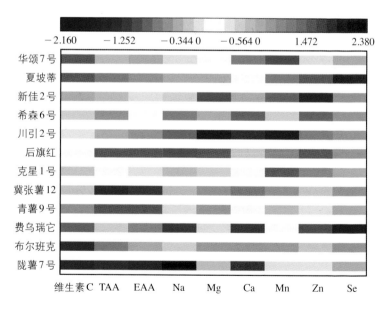

图4-14　不同品种营养物质含量比较

九、安全指标分析和评价

1.用药调研情况

马铃薯用药主要以预防为主，根据不同生长阶段进行用药。为了掌握实际情况，某些禁、限用农药也在调查之列。物候期以杀虫剂为主，具体有毒死蜱、辛硫磷、抗蚜威、啶虫脒、吡虫啉、高效氯氰菊酯和溴氰菊酯等。种薯处理剂以杀菌剂为主，主要有多菌灵、百菌清、甲基硫菌灵、中生菌素、精甲霜灵、霜脲氰、代森锰锌和甲拌磷等。播种期主要预防死苗和烂根，并进行除草，用药主要包括氟唑环菌胺、咯菌腈、异丙甲草胺、精喹禾灵等。苗期到成熟期，内蒙古自治区马铃薯病害主要有早疫病、枯萎病、黑痣病和晚疫病等，用药主要是杀菌剂和除草剂，有氰霜唑、氟啶胺、氟唑环菌胺、阿维菌素、醚菌脂、苯醚甲环唑、己唑醇、甲霜灵、嗪草酮、磺草酮等。杀秧剂则以百草枯和立收谷为主。此外，在马铃薯贮藏期，使用农药包括多效唑、噻苯隆、矮壮素、氯化胆碱和赤霉素等。

2.农药残留验证情况

对乌兰察布市马铃薯样品进行农药残留摸底排查与产品安全性分析。共检出3种农药，总体检出率5.00%，

分别是噻虫嗪、噻虫胺和矮壮素，占参检农药总数的
3.06%。检出农药按类别划分，农药残留检出量如表
4-12所示：检出农药主要是以低毒性农药为主。检出
率最高的是噻虫胺，检出率2.56%，检出最大浓度为
0.098毫克/千克；所有参数检出率均低于5%。

表4-12　马铃薯样品中农药的检出情况

农药种类	类别	检出率/%	检出最大值/（毫克/千克）	检出平均值/（毫克/千克）
噻虫嗪	杀虫剂/低毒	1.92	0.086	0.028
噻虫胺	杀虫剂/低毒	2.56	0.098	0.024
矮壮素	生产调节剂/低毒	1.92	0.21	0.024

第五章

研究结论

2020年，乌兰察布市生产的马铃薯加工品质的优质率为13.7%，比内蒙古自治区平均水平高6.6个百分点，其中干物质、淀粉、还原糖含量平均值分别为20%、14.5%和0.29%，与全国平均水平相当。从品种上来看，乌兰察布市生产的后旗红、青薯9号符合淀粉加工标准，麦肯和华颂7号适合薯片加工三级标准和全粉加工三级标准。

在营养物质方面，与美国农业部（USDA）推荐的马铃薯矿物质元素含量和我国其他马铃薯主产地区比较，乌兰察布市马铃薯在K、Mg、Na和P等大量矿物质元素上，含量优势较为明显。K含量最高，约占矿物质元素总量的80%以上，平均值为17 655.8毫克/千克，其中华颂7号K和Se含量最高，矿物质营养全面。

乌兰察布市马铃薯每克蛋白质中必需氨基酸

（EAA）总量分布范围在144.1～269.2毫克/克，平均值为198.6毫克/克，必需氨基酸的总量占氨基酸总量的43.7％，高于FAO/WHO的标准蛋白值（40.0％），在氨基酸组成上，与标准蛋白贴近度高，属于优质蛋白。在味觉氨基酸上，以鲜味氨基酸含量最高，不同品种马铃薯的口感主要受鲜味氨基酸影响。

在风味物质上，本市马铃薯在蒸煮过程中，挥发性风味物质以醛类化合物为主，占比达45.4％，起主要作用是庚醛（31.4％）、3-（甲基硫代）丙醛（23.5％）、5-甲基呋喃醛（19.7％），表现出浓郁的蒸煮香味。

乌兰察布市马铃薯每100克中维生素C含量（20.30±2.1）毫克，占维生素类活性物质总量的93％以上，每100克中维生素B族含量总体为（0.9±0.2）毫克，其中维生素B_5含量最高，而脂溶性维生素为维生素E，每100克中含量为0.15～2.7毫克。黄酮和酚酸等多酚类物质含量丰富。

从品种上看，华颂7号富含维生素C，后旗红和青薯9号富含氨基酸。

2020年，乌兰察布市生产的马铃薯样品抽检合格率为100％，比全国平均水平高4个百分点。其中，农药残留和重金属均无超标，农药检出率为5％，比内蒙古自治区平均水平低4个百分点，检出农药主要以噻虫胺、噻虫嗪和矮壮素等低毒性农药为主。

基于上述研究结果得出，乌兰察布马铃薯富含矿物质成分、抗氧化活性物质，营养全面，蛋白优质，蒸煮风味独特，质量安全水平较高，主栽品种的营养品质优势突出，淀粉加工品质居于内蒙古自治区上游水平。

第六章
存在问题和对策建议

一、存在问题

1. 虽然本市马铃薯生产技术标准化水平较高，但马铃薯加工品质质量在全国水平上不具明显优势，符合加工品质要求的品种较少。

2. 本市马铃薯生产环节只注重产量，忽视品质优劣，样品收购很少按照品质划分等级，造成高营养品质马铃薯没有价格优势。

3. 本市马铃薯生产产业链相对较短，主要以鲜薯销售为主，营养保健功能的开发利用和加工技术水平不足。

二、对策建议

1.加快目前本地区优良品种和生产技术的推广应用

研究表明，后旗红和青薯9号在综合品质上质量优势突出，应加快后旗红和青薯9号推广应用，着重解决后旗红产量相对低、耐储性差等问题。

2.开展国内优良加工品种引种研究和推广应用

陕甘地区、云贵川地区马铃薯品种加工品质优良，例如陇薯7号和川芋56等品种。陇薯7号在内蒙古部分地区已经小面积种植，但是其优良加工品质未得到发挥。因此，需要加强马铃薯种薯基地建设，集成示范马铃薯专用品种配套优质高产技术。

3.加快标准化生产和管理

加强对龙头企业和农民专业合作社的扶持力度，推进农业标准化、产业化进程，引导种植户成立合作社，发展家庭农场，走规模化生产之路，推进农产品的标准化生产。

4.建立健全马铃薯产品追溯体系建设，推进品牌建设

建议建立健全马铃薯产品追溯体系建设，加快培育马铃薯产业龙头企业、专业合作社等经营主体，推进实施标准化生产示范区建设和"新三品一标"产品认证，引进深加工技术和生产流水线，开发新产品，培育品牌，拓展市场，实现马铃薯产业绿色高产高效高质量发展。